T0197814

essentials

essentials liefern aktuelles Wissen in konzentrierter Form. Die Essenz dessen, worauf es als „State-of-the-Art“ in der gegenwärtigen Fachdiskussion oder in der Praxis ankommt. *essentials* informieren schnell, unkompliziert und verständlich

- als Einführung in ein aktuelles Thema aus Ihrem Fachgebiet
- als Einstieg in ein für Sie noch unbekanntes Themenfeld
- als Einblick, um zum Thema mitreden zu können

Die Bücher in elektronischer und gedruckter Form bringen das Fachwissen von Springerautor*innen kompakt zur Darstellung. Sie sind besonders für die Nutzung als eBook auf Tablet-PCs, eBook-Readern und Smartphones geeignet. *essentials* sind Wissensbausteine aus den Wirtschafts-, Sozial- und Geisteswissenschaften, aus Technik und Naturwissenschaften sowie aus Medizin, Psychologie und Gesundheitsberufen. Von renommierten Autor*innen aller Springer-Verlagsmarken.

Weitere Bände in der Reihe https://link.springer.com/bookseries/13088

Dietmar Schäfer

Massivbauweise mit Lehm

Beispiele für eine historische und moderne Bauweise

Dietmar Schäfer
Groitzsch, Deutschland

ISSN 2197-6708 ISSN 2197-6716 (electronic)
essentials
ISBN 978-3-658-35318-6 ISBN 978-3-658-35319-3 (eBook)
https://doi.org/10.1007/978-3-658-35319-3

Die Deutsche Nationalbibliothek verzeichnet diese Publikation in der Deutschen Nationalbibliografie; detaillierte bibliografische Daten sind im Internet über http://dnb.d-nb.de abrufbar.

Planung/Lektorat: Frieder Kumm
Springer Vieweg ist ein Imprint der eingetragenen Gesellschaft Springer Fachmedien Wiesbaden GmbH und ist ein Teil von Springer Nature.
Die Anschrift der Gesellschaft ist: Abraham-Lincoln-Str. 46, 65189 Wiesbaden, Germany

Was Sie in diesem *essential* finden können

- Informationen über den Baustoff Lehm
- Technologien von Massivlehmbautenweisen
- Einblick in die Lehmmassivbauweise in Europa anhand von Beispielen
- Information über europäische Lehmbauprojekte in der Zeit von 2007 bis 2015

Inhaltsverzeichnis

1 Einleitung

Leider hält sich noch immer hartnäckig die Auffassung, dass der Lehmbau nur eine historische Bauweise ist. Grundsätzlich ist dies richtig, aber nur die halbe Wahrheit. Die Menschheit benutzte den Lehm (dort wo er in der Natur vorkam) seit dem er Behausungen baute, nutzte diesen über Jahrhunderte und „erfand“ ihn immer wieder neu nach schwierigen Zeiten (z. B. nach dem 2. Weltkrieg). Es gab in Deutschland nach 1945 eine Lehmausbildung, ein Lehrbuch (Lehmbaufibel) und eine DIN. Dies funktionierte noch in den 1950 Jahren und wurde mit zunehmendem wirtschaftlichen Aufschwung um die 1970 Jahre beendet. Ziegel, aber besonders der Baustoff Beton, gewann die Oberhand. Man „schaffte den Lehmbau ab“, die DIN gab es nicht mehr und musste durch eine Lehmbauregel (erschien erst 1998) ersetzen werden, um dem verbliebenen Lehmbau eine baukonstruktive Grundlage zu geben. Natürlich gab es immer Bauschaffende, die sich trotzdem mit dem Baustoff Lehm beschäftigten und den Lehm anwendeten. 2007 begann das Projekt „Life Long Learning Leonardo da Vinci Partnership Projekt LearnWithClay“. Verschiedene europäische Partner erarbeiteten Ausbildungsunterlagen zum Thema Lehmputz. Ab 2014 gab es dann ein weiterführendes Projekt, PIRATE (Provide Instructions and Resources for Assessment and Training in Earthbuilding) unter der Leitung von CRAterre (Zentrum für Lehmbau an der Architektur-Hochschule von Grenoble in Frankreich) welches die Entwicklung einer Ausbildung zur Anwendung von Bauteilen aus Lehmbaustoffen (Massiv-Lehmbau) im Neubau und bei der Altbaurenovierung beinhaltet. Dabei waren 18 Partnern aus 8 europäischen Ländern beteiligt. Diese beiden Projekte waren die Grundlage, dass ich mich mehr als vorher mit dem Baustoff Lehm beschäftigen konnte und durch den europäischen Rahmen die Möglichkeit bestand, Lehmbauerfahrungen in Deutschland und den Ländern Bulgarien, England, Frankreich, Schottland, Slowakei, Spanien, Tschechien und

D. Schäfer, *Massivbauweise mit Lehm*, essentials,
https://doi.org/10.1007/978-3-658-35319-3_1

Zypern sich anzueignen. Die hier gewonnenen Erfahrungen sollen auch an Hand von Fallbeispielen beschrieben werden. Für die jeweiligen Massivlehmtechnologien werden die grundsätzlichen Gesichtspunkte dargestellt. Für Detailfragen steht eine umfassende Fachliteratur zur Verfügung, die man dann gegebenenfalls „bemühen“ sollte. Der nach den 1950er Jahren fast ruhende Lehmbau in Deutschland hat sich in letzter Zeit, dank vieler Persönlichkeiten und Initiativen, gut entwickelt. Seit 2013 gibt es wieder Lehmnormen (DIN 18942-1 2018-12 Lehmbaustoffe – Teil 1 Begriffe, DIN 18942-100 2018-12 Lehmbaustoffe – Teil 100 Konformitätsnachweis, DIN 18945 2018-12 Lehmsteine – Anforderungen und Prüfverfahren, DIN 18946 2018-12 Lehmmauermörtel – Anforderungen und Prüfverfahren, DIN 18947 2018-12 Lehmputzmörtel – Anforderungen und Prüfverfahren, DIN 18948 2018-12 Lehmplatten – Anforderungen und Prüfverfahren). Die 1998 veröffentliche Lehmbauregel hat aber für auf der Baustelle hergestellte Lehmbaustoffe ihre Gültigkeit behalten. Dazu kommen Technische Merkblätter.

Mit seinen hervorragenden Eigenschaften: ausreichend vorhanden, es wird ein gutes Raumklima erzeugt (Luftfeuchteregulierung, Wärmspeicherung), gut formbar, im trockenen verdichteten Zustand hohe Druckfestigkeit, absorbiert Gerüche und bindet Schadstoffe aus der Luft, verursacht keine Allergien, feuerhemmend, konserviert Holz und ist mit ihm gut kompatibel, immer wieder verwendbar (wenn nicht durch Schadstoffe verunreinigt), …, immer wenn man den reinen Lehmbaustoff betrachtet. Mischt man bestimmte Materialien (Stroh, Häcksel, Spreu, Holzspäne, …) hinzu, verändern sich die „Grundeigenschaften“ des Lehms. Es gibt also hinreichende Gründe den Baustoff Lehm, umfassend zu verwenden. Dem steht gegenüber, dass er eben bei genügender Wasserzugabe wieder formbar wird und seine Festigkeit verliert und dass die Aufnahme von Zugkräften sehr begrenzt ist. Das Hauptproblem ist also der Schutz einer Lehmkonstruktion vor offen freiem Wasser. Deshalb gilt auch der Grundsatz im Lehmbau: Das Haus braucht einen großen Hut (Dachüberstand – Schlagregen) und trocken Füße (Sockel – Spritzwasser, Abdichtung – aufsteigende Erdfeuchte). Und was führt noch zum nicht befriedigten Mehreinsatz des Lehms? Die Lobbys von Zement, Beton, Putz, Stein (Kalksandstein, Porenbeton, zementgebundene Steine) und Ziegel sind erdrückend. Für den Lehmbau brauche ich auf den Baustoff zugeschnitten Fachkenntnisse, Erfahrungen und handwerkliche Fertigkeiten. Zum Beispiel beherrscht ein Maurer die Verbandsregel, die speziellen Besonderheiten beim Lehmmauerwerk muss er sich zusätzlich aneignen. Bis heute gibt es in Deutschland keine Erstausbildung zum Beruf Lehmbauer. Alles erfolgt berufsbegleitend, in Kursen, Zusatzqualifizierungen in der Berufsausbildung oder in Selbstaneignung. Die Studenten der Bauausbildung bekommen nur begrenzte Informationen über den

Baustoff Lehm und so wundert es manchmal nicht, dass ein Baubetrieb den Baustoff Lehm ablehnt (unter dem Motto: Was der Bauer nicht kennt frisst er nicht. – altes Sprichwort), oder seinen Kunden nicht anbietet. Es ist auch nicht nachvollziehbar, dass ein lehmiger Baugrund beim Aushub der Baugrube entsorgt wird, als besser darüber nachzudenken, ob der Lehmbaustoff im Bauwerk noch Anwendung finden kann (z. B. Einbau einer Wärmespeicherwand). Es sollte eben jede Gelegenheit genutzt werden, den Lehmbaustoff auf die entsprechende Stufe zu stellen.

In der Broschüre „Die Kapelle der Versöhnung Berlin" (das Gebäude ist in Stampflehmbautechnologie errichtet, Richtfest 1999) vom Kunstverlag Josef Fink, Lindenberg im Allgäu von der Autorin Dr. Petra Bahr werden unter anderem Gedanken zum Lehmbau wiedergegeben, die so treffend für diesen Baustoff sind. „*... Die Herangehensweise und der daraus entstandene Entwurf der Berliner Architekten Rudolf Reitermann und Peter Sassenroth überzeugen die Gemeinde. Doch um den Baustoff gibt es einen heftigen Konflikt. Die Architekten haben einen Bau aus Glas und Beton vorgesehen. Der Beton erinnert die Menschen in der Gemeinde indes zu sehr an die verhasste Mauer.* (Am Standort der Kapelle verlief bis 1990 die Grenze zwischen Ost- und Westberlin. Die bis 1985 auf diesen Gelände stehende Versöhnungskirche – Ostseite, wurde gesprengt.) (Abb. 1.1, 1.2, 1.3 und 1.4)

Beinahe sieht es so aus, als würde der Bau der Kapelle scheitern. Schließlich schlägt die Gemeinde einen anderen Baustoff vor, der zum Entwurf wie zum Anliegen passt. Lehm und Holz ersetzen nun Beton und Glas. Das Material eines Baus ist nicht nur eine Frage des äußeren Erscheinungsbildes. Im Material verkörpert sich auch eine Idee. Die Entscheidung, die Kapelle aus Lehm zu bauen und damit den ersten öffentlichen Stampflehmbau seit 150 Jahren nördlich der Alpen zu planen, erzeugt eine weitere Resonanz von Bedeutung. (Die Stampflehmbauten in Weilberg, Müchel, Prädikow und anderen Orten wurden nicht berücksichtigt.) *Lehm ist buchstäblich der nahe liegende Baustoff. 1830 gab es neben dem Kirchengelände eine Lehmgrube. Der einheimische Baustoff hat als roter oder gelber Backstein in Berlin Tradition. Lehm ist ein natürlicher und lebendiger Baustoff, der sensibel auf seine Umwelt reagiert und leicht zu beschädigen oder gar zu zerstören ist. Er steht auch so für eine Fragilität* (leicht verletzlich) *aller kulturellen Errungenschaften, eine Fragilität, mit der die Gemeinde im 20. Jahrhundert gleich mehrfach Bekanntschaft gemacht hat. Nicht nur so ein starkes Gebäude wie eine Kirche ist durch Bomben und Sprengstoff im Nu zerstört. Vor allem ist das Leben der Menschen bedroht und die Zerbrechlichkeit ihrer Bauten ein Gleichnis auf die Bedrohtheit des Lebens. Lehm wird traditionell auch als Heilerde eingesetzt. Ein Lehmbau auf verwundenem, das heißt Gesundung, ohne dass die Verletzung versiegelt oder versteckt*

Abb. 1.1 Die Kapelle der Versöhnung von Außen, 2010 waren die Außenanlagen noch nicht vollständig fertiggestellt, ein Besuch war aber schon möglich

wird. Lehm hat in seiner verarbeiteten Form auch eine eigenwillige Schönheit. Er hat einen besonderen haptischen Reiz (zum Berühren geeignet), *weil das Material die Temperatur der Umgebung speichert* (Abb. 1.5).

Fragilität und Schönheit, Würde und Verletzlichkeit verbinden sich im verbauten Lehm aufs Engste. Dazu ist das Material wegweisend für die Zukunft des Bauens, die auch in ökologischer Hinsicht verantwortungsvoll und vorausschauend sein soll." Zitat: Die Kapelle der Versöhnung.

Abb. 1.2 Der Wandelgang gibt durch seine Gestaltung – außen lichtdurchlassende Holzlamellen, die auch den Blick nach Außen ermöglichen und innen die Stampflehmwand – geben der Kapelle eine selbstbestimmende Ausstrahlung

Abb. 1.3 Ziegelbruchstücke der gesprengten ehemaligen Versöhnerkirche wurden in den Stampflehm sichtbar mit eingebaut

Abb. 1.4 Im Inneren der Kapelle gibt es ein wohltemperiertes Klima, auch ohne Heizung im Winter. Die Stampflehmoberfläche gibt eine sagenhafte Optik, eine gute Akustik und strahlt eine ganz besondere Atmosphäre aus

Abb. 1.5 Stampflehm: Berühre eine Lehmoberfläche und du kommst nicht wieder davon los

Begriffe

2

Adobe	(spanischer Begriff) ist die Bezeichnung im englisch sprachigen Raum für einen Lehmstein.
Baulehm	ist ein Lehm, der für Lehmbaustoffe geeignet ist.
Berg- und Gehängelehm	lagert an den Berghängen oder auf den Gesteinen, wo er entstand. Sein Materialgerüst ist meist kantig mit unterschiedlich großer Körnung.
Geschiebelehm	entstanden aus Ablagerungen während der Eiszeit mit abgerundetem Mineralgerüst.
Grubenlehm	ist im gewachsenen Boden vorhandener erdfeuchter Lehm.
Grünling	stranggepresster Lehmstein.
fetter Lehm	Lehm mit einen hohen Tonanteil.
Lehm	ist ein Verwitterungsprodukt von Gesteinen, Gemisch aus Ton (Bindemittel), Sand/Kies, Schluff (Feinstbestandteile – Körnung lässt sich beim Reiben zwischen den Fingern nicht mehr feststellen).
Lehmbatzen	ist ungeformter Lehmklumpen.
Lößlehm	durch Ablagerungen von Löß (staubförmiger Sand mit Ton- und Kalkanteilen) durch Wind bewegtes Material, aus dem vor Ort der Kalk herausgewaschen wurde. Sehr feinkörniges Mineralgerüst.
magerer Lehm	Lehm mit einem geringen Tonanteil.
mauken	auch ***sumpfen*** Der Baulehm wird vor der Verarbeitung in Wasser „eingelegt“, damit die Tonteilchen die

D. Schäfer, *Massivbauweise mit Lehm*, essentials,
https://doi.org/10.1007/978-3-658-35319-3_2

	Feuchtigkeit aufnehmen können (quellen) und so die Sandkörner umschließen und verkitteten können.
Mergel	ist ein Geschiebelehm, der kalkhaltig ist.
patzen	ist das Einwerfen einer bestimmten Lehmmenge in eine Form zur Herstellung von Lehmsteinen.
Recyclinglehm	gewinnt man aus dem Abbruch von Lehmbauten, der aber frei von Schadstoffen sein muss.
schluffiger Lehm	hat einen zu hohen Anteil an Schluff.
Schwemmlehm	ist vom ursprünglichen Lagerort durch Wasserbewegung mitgenommen und dann wieder abgesetzt worden, mit abgerundetem Mineralgerüst.
Schwinden	ist die Volumenverkleinerung beim Trocknen des Lehms.
Trockenlehm	ist getrockneter Grubenlehm.
Überbindemaß	ist der Stoßfugenversatz von Mauerschichten.

3 Lehmprüfung und Lehmaufbereitung

Um Lehme als Baulehme verwenden zu können, müssen sie auf Eignung geprüft werden. Die Eigenschaften eines in der Landschaft vorkommender Lehms ist nicht bekannt. Einer nach DIN hergestellter Lehmbaustoff (Lehmmörtel) oder Lehmprodukte daraus (z. B. Lehmstein) braucht nicht geprüft werde, die Prüfung obliegt dem Hersteller, der die Ergebnisse auch nachweisen muss. Man unterscheidet zwei Gruppen von Prüfverfahren – einfache Versuche, die auch auf der Baustelle durchgeführt werden können und schon oft auch den Einsatz des geprüften Lehms rechtfertigen, sowie die Laborprüfung. Nach den Lehmbau Regeln, wo sie beschrieben sind, sollen sie aber hier im Wesentlichen nur genannt werden.

Einfache Versuche: *„…dienen einer orientierenden Einschätzung der Lehmeigenschaften. Die Durchführung erfordert Erfahrung. Die Versuchsergebnisse sind durch Wiederholungen abzusichern. Bestehen Zweifel über die Eignung des Lehms, sind Laborprüfungen … durchzuführen.“* Zitat Lehmbau Regeln Seite 6 Folgende Versuche sind möglich: *Kugelformprobe, -fallprobe, Schneide-, Trockenfestigkeits-, Reibe-, Riechversuch, Bestimmung des Mineralgerüsts, der Farbe und des Kalkgehaltes* (Aufzählung nach Lehmbau Regeln Seite 7 bis 9).

Laborprüfung: *„… sind erforderlich, wenn keine eindeutige Beurteilung aufgrund einfacher Versuche möglich ist oder die Erfahrung dazu fehlt.“* Zitat Lehmbau Regeln Seite 9 Versuche: Bestimmung der Bindekraft, der Plastizität, des Mineralgerüstet (Korngrößenverteilung nach DIN 18123), Zerreißversuch (Aufzählung nach Lehmbau Regeln Seite 10 bis 15).

Beispiele für die Lehmproben (Abb. 3.1 und 3.2).

Auf der Baustelle hat man oft die Gerätschaften nicht zur Hand, oder nicht die Probezeit wie im Labor. Trotzdem kann man den vorhandenen Lehm recht genau auf Eignung prüfen – einfache Versuche. Zuallererst schaut man sich den Lehmbaustoff an, Verunreinigungen (Humusbestandteile, Kornzusammensetzung, …)

D. Schäfer, *Massivbauweise mit Lehm*, essentials,
https://doi.org/10.1007/978-3-658-35319-3_3

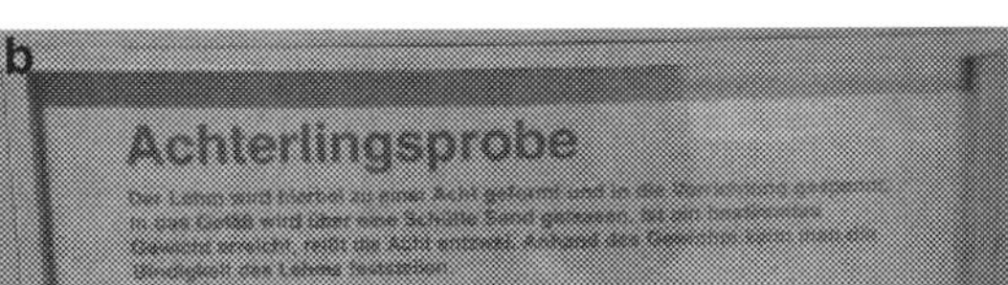

Abb. 3.1 Im Lehmmuseum in Gnevsdorf Deutschland wird ein Lehmprüfgerät zur Bindekraftprüfung – die Achtlingsprobe ausgestellt, das im Labor Verwendung findet (**a, b**)

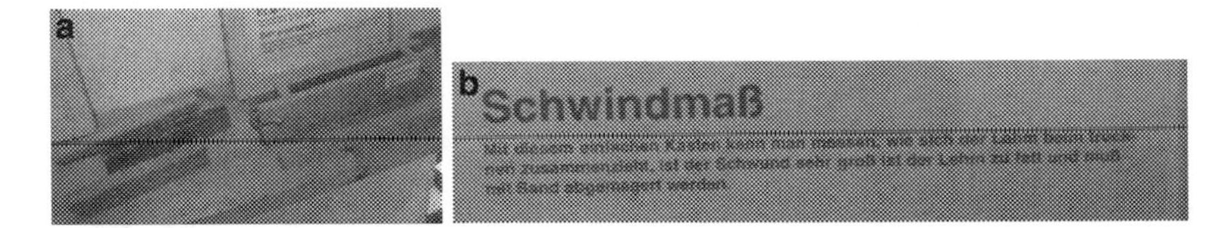

Abb. 3.2 Im Lehmmuseum in Gnevsdorf Deutschland wird ein Lehmprüfgerät zur Schwindmaßbestimmung ausgestellt, das im Labor Verwendung findet. Ohne große Messskala kann man nach dem Trocknen des Lehms im Kasten festellen, ob das Schwindmaß groß oder weniger groß ist. Dieser „Meßwert" zeigt auch an, wie bei einem zu verwendeten Lehmbaustoff die Volumenveränderung gekennzeichnet ist. Ist das Schwindmaß zu groß, sind am Baukörber bei diesen verwendeten Lehm Schwindrisse zu erwarten (**a, b**)

kann man leicht erkennen und zuordnen. Am Geruch erkennt man sehr schnell, ob Schadstoffe im Lehm vorhanden sind, mit seinen typischen Eigengeruch lässt es sich schnell entscheiden. Dazu sollte der Lehm feucht sein, trockener Lehm ist geruchsneutral. Beim dem Reibeversuch nimmt man den feuchten Lehm reibend zwischen die Finger und stellt tonige Anteile durch klebrige Finger sehr gut fest. Natürlich spürt man auch die Körnung des Sandanteiles im Lehm. Man nennt es

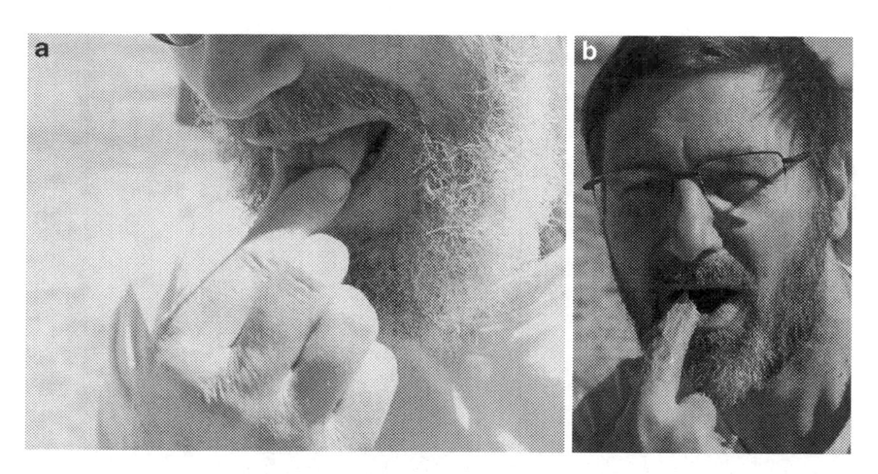

Abb. 3.3 Beim Lehmbaukurs bei ESTAPA in La Casas de Rey Spanien wurde eine solche Lehmprüfung praktiziert. **a** Ich konnte natürlich nicht anders und praktizierte die gleiche Methode. Es war eine lehrreiche schadfreie Prüfungsform des Lehms. **b** Bei Kursen in der Lehrlingsausbildung am BSZ Leipziger Land in Böhlen Deutschland demonstrierte ich dann diese Vorgehensweise zum großen Erstaunen der Auszubildenden

auch Handprüfverfahren – *„... dienen dazu, daß gefühlsmäßig eingeschätzt werden kann, ob ein Lehm „zu schluffig", „mager", „fett", „zu fett", „kieslig" ist. Alte Lehmbauer haben Lehm nicht nur in die Hand genommen sondern auch zwischen die Zähne!"* Zitat: Bauen mit Lehm Heft 1 Gernot Minke ökobuch 1984 Die „Methode" des „Kosten" des Lehms wurde auch beim Kurs in La Casas de Rey Spanien praktiziert. Man nimmt eine geringe Menge Lehm auf und kann so auch die Körnung feststellen. Gesundheitsschädlich ist es nicht, Lehm ist ein Erdprodukt (siehe auch Heilerde) und in seinem Ursprung neutral (Abb. 3.3). Es gibt noch weitere Prüfverfahren (Abb. 3.4, 3.5 und 3.6).

Neben der Eignungsprüfung ist die Aufbereitung des Lehms vor seinen Einbau wichtig. Bei Lehmen direkt aus der Grube zerkleinert man den Lehm im trockenen Zustand und siebt ihn auf die erforderliche Korngröße und mischt ihn gleichmäßig ggf. mit Zuschlagsstoffen durch. Das Mischen erfolgte früher per Hand, auf Mischbühnen oder Lehmmühlen (Abb. 3.7 und 3.8).

Bei Werkfertiglehmen braucht man das nicht zu tun, die sind auf den jeweiligen Einsatz eingestellt. Egal welchen Lehm wir einsetzen, muss dieser vor seiner Verwendung genügende Zeit gesumpft werden (Abb. 3.9 und 3.10).

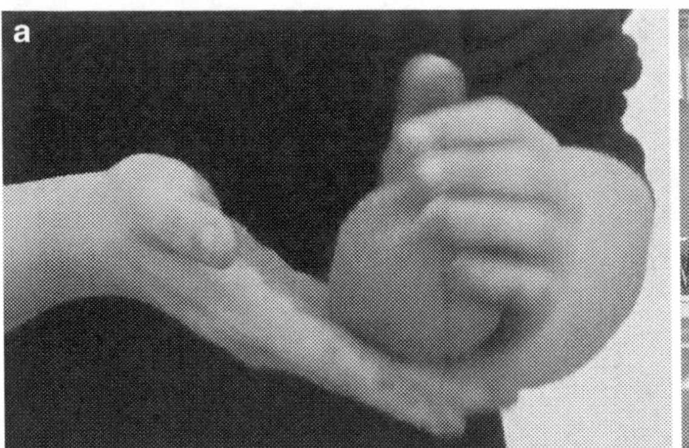

Abb. 3.4 Bei einem Lehmbaukurs am BSZ Leipziger Land in Böhlen Deutschland wurde die Kugelprobe durchgeführt. Dazu musste der Prüfling aus der angemischten Lehmmasse (erdfeucht) eine faustgroße Kugel formen und trocknen lassen (**a**). Zur Prüfung lässt man die getrocknet Lehmkugel auf einem stabilen Untergrund fallen (eine Kugel hat beim Auftreffen auf einen festen Untergrund immer die gleiche Aufprallfläche – egal wie sie fällt (**b**)

Abb. 3.5 Der Prüfer lässt die Qualität der Lehmproben vom Prüfling kommentieren, genauso auch das Bruchergebnis der Kugel (**a, b**)

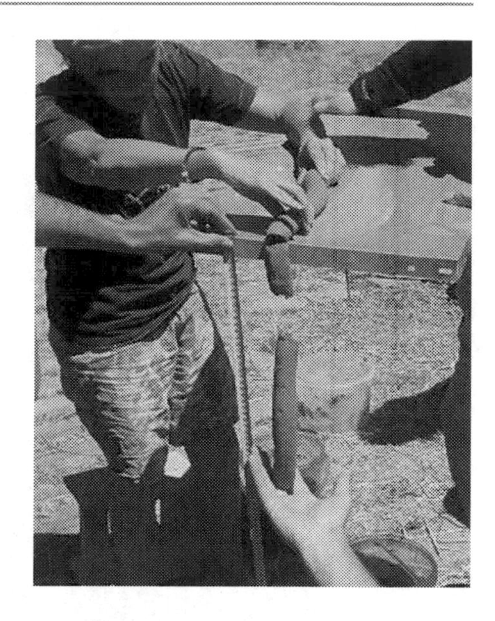

Abb. 3.6 Beim Lehmbaukurs bei ESTAPA in La Casas de Rey Spanien wurde u. a. auch diese Lehmprüfung praktiziert. Lehme aus unterschiedlichen Mischungen wurden zu einer „Wurst" („Zigarre") geformt und über eine Tischkante geschoben. Je länger der Lehmkörper zusammen blieb, desto bindiger war das Material. Die Konsistenz musste dabei gut formbar sein

Abb. 3.7 Lehmmühle ... *mechanische Einrichtung zur Lehmaufbereitung stellt die sogenannte Lehmmühle dar, bei der die Lehmmasse oben wie in einer Kaffeemühle hineingeworfen wird und unten fertige durchgeknetet wieder herauskommt.* Die Konstruktion ist ein Rechteckkasten mit einem Hohlraum. *In der Mitte dieses Hohlraumes steht eine Achse mit einem Schwellenrand. An der Achse befinden sich die Mischeisen, die spiralförmig um die Achse angeordnet sind.* Zitat: Lehmbau Fibel (© Lehmbau Fibel)

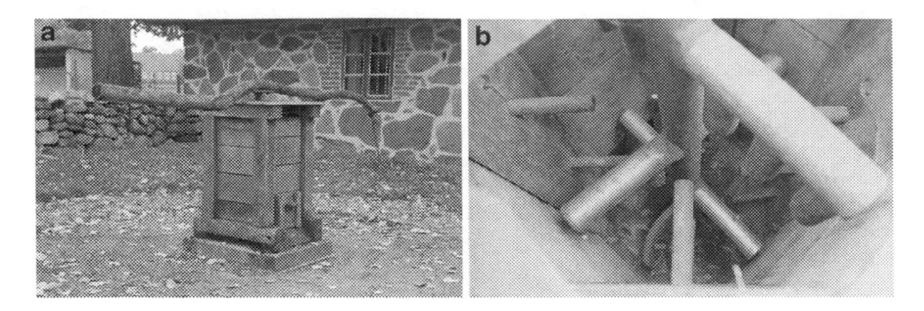

Abb. 3.8 Im Lehmmuseum Gnevsdorf Deutschland steht so eine Lehmmühle. Blickt man in das Innere so sieht man die Konstruktion, die bei der Drehbewegung der Achse das Material von oben nach unten bewegt und dabei mischt (**a, b**)

Abb. 3.9 Beim Lehmkurs in Las Casas de Rey Spanien wurde der Lehm nach dem Sieben in Erdgruben per Hand mit einem grobzinkigen Rechen durchgearbeitet (**a**). Um das Ergenis zu optimieren wurde der Lehm anschließend mit den Füßen bearbeitet. Dabei kam der Spaß bei dieser Tätigkeit nicht zu kurz und alle hatte viel Freude daran (**b**).

Abb. 3.10 Über Nacht konnte nach der Bearbeitung des Lehms dieser „mauken“, oder auch „sumpfen“

Durch diese „Ruhezeit“ werden die Tonteilchen aufgeschlossen (bei Wasserzugabe braucht der Ton eine gewisse Zeit dazu), das Sandkorn kann so optimal umschlossen werden und wird miteinander verkittet. Man erreicht so ein qualitätsgerechtes Lehmprodukt.

4 Lehmsteinmauerwerk

Mauerwerk, dass mit Lehmsteinen (... *ungebranntes, in der Regel quaderförmiges Lehmbauprodukt, dessen alleiniges Bindemittel die Tonfaktion ist.* Zitat: DIN 18945) unter Verwendung von Lehmmauermörtel im Verband hergestellt wurde. Das Vermauern von Lehmsteinen im Verband ist analog dem Vermauern von Ziegeln und Steinen aus anderen Materialien (Kalksandstein, zementgebunden, Porenbeton, ...). In Deutschland gibt es dafür Verbandsregeln (Läufer-, Binder-, Block-, Kreuz- und Zierverbände). Die Lehmsteinformate (1DF-Dünnformat, NF-Normalformat, 2DF bis 10DF) sind nach DIN 18945 Lehmsteine in ihrer Abmessung genormt. Es sind auch andere Abmessungen möglich, aber dann nicht mehr nach der DIN. In Frankreich z. B. ist dies nicht der Fall. Jede Ziegelei produziert ihre eigenen Formate, die dann im Verband nicht mehr kompatibel sind und so ihren Einsatz erschweren (Abb. 4.1a, b).

In Zypern wurde das in Frankreich bestehende Formatproblem ganz unkompliziert gelöst. Eine Steingröße (45 cm × 30 cm × 5 cm) und die entsprechende eine Verbandsregel macht ein Vermauern der Lehmsteine oder Ziegel recht unkompliziert (Abb. 4.2a, b).

Nach Aufbereitung des Lehms wird der Lehmstein mit drei verschiedenen Technologien in Deutschland hergestellt. *Formgeschlagen:* Eine relativ weiche Lehmmasse (die Menge etwas größer als in der Form benötigt) wird in die Form (Metall, Holz) geworfen – patzen, dadurch verdichtet sich die Masse in der Form und füllt sie vollständig aus. Das überschüssige Material wird auf der Oberkante der Form abgestrichen – handgestrichener Lehmstein (Abb. 4.3). Anders als in Deutschland konnte man das Patzen der Lehmmasse in die Form in Frankreich beobachten (Abb. 4.4).

In einer Ziegelei auf Zypern hatte man eine völlige andere Methode die auf dem Boden liegenden Formen mit Lehm zu füllen. Man ließ die Lehmmasse von

D. Schäfer, *Massivbauweise mit Lehm*, essentials,
https://doi.org/10.1007/978-3-658-35319-3_4

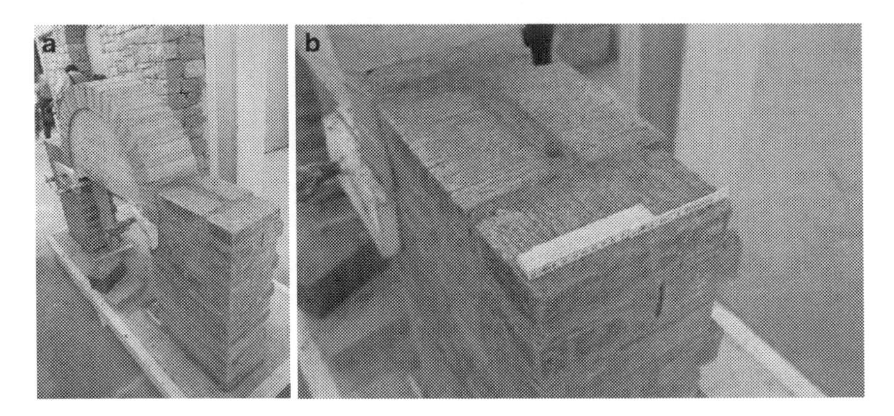

Abb. 4.1 In der Ausbildungsstätte von LES COMPAGNONS DU DEVOIR et du Tour de France in Toulouse wurde dieses Problem an einer Einstein dicken Wand deutlich. Man erreicht nur an einer Wandseite eine Ebenheit (**a, b**)

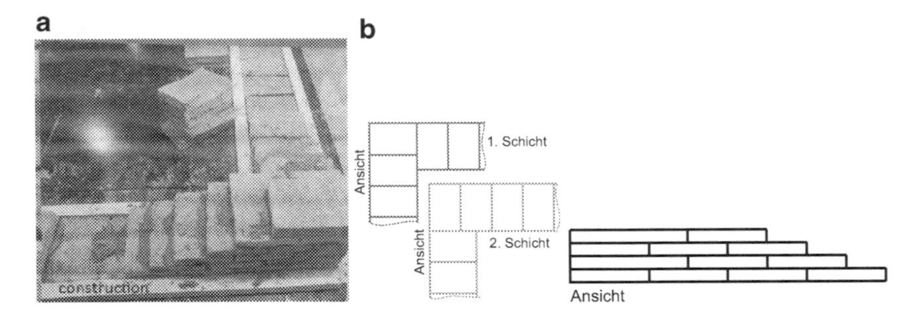

Abb. 4.2 Auf einen Plakat in einem Ausbildungszentrum in Nicosia Zypern gab es die Antwort. Durch die Anwendung eines Formates und einer „Verbandsregel" ergibt sich keine Fugenüberdeckung und eine gleichmäßige Abtreppung wie wir es in Deutschland beim Kreuzverband kennen – günstigste Ableitung der Kräfte im Mauerwerk. Man ist aber auch nur auf eine Wanddicke festgelegt (**a, b**)

der Schaufel in die Form fallen, eine ganz andere Art des Patzens. Die Form ist 5 cm hoch und 30 × 45 cm (Abb. 4.5).

Der Vorteil in den Ausbildungskursen des europäischen Lehmbauprojektes war das Kennenlernen der landestypischen Lehmbauweisen zur Herstellung

Abb. 4.3 In der Ziegelei Huber in Graupzig Deutschland wird das Patzen von Lehmsteinen praktiziert

Abb. 4.4 In Frankreich konnte ich zu dieser Technologie eine andere Methode beobachten. Es wurde nur faustgroße Materialmengen in die Form gepatzt, mit gleichem Ergebnis, als wenn die gesamt benötigte Masse gepatzt wird. Die überschüssige abzustreichende Lehmmenge wurde aber weniger. Diese Technologie benutzte ich dann auch recht erfolgreich bei der Ausbildung von Lehrlingen am BSZ Leipziger Land

Abb. 4.5 Auf Zypern in einer Ziegelei in Lympia wurde die Lehmmasse mit der Schaufel in die vorbereitete Form (anfeuchten der Form, bestreuen des Bodens mit einem „Trennmittel" – z. B. feiner Sand) eingebracht

von Lehmsteinen. Bemerkenswert dabei, dass obwohl mit gering unterschiedlichen Methoden, das Ergebnis immer das Gleiche war – ein qualitätsgerechtes Lehmbauprodukt (Abb. 4.6a, b).

Formgepresst: Die Lehmmasse ist in der Regel erdfeucht bis steif, diese wird in die Form gegeben und verdichtet (per Hand Abb. 4.7a, b, oder maschinell Abb. 4.8a, b). Die Anwendung finden wir bei Lehmen mit und ohne Zusätze. Die Lehmmasse kann aber auch plastisch bis weich sein.

Stranggepresst: ist die maschinelle Herstellung der Lehmsteine. Die steife Lehmmasse wird durch ein „Mundstück" (Formgebung) gepresst – es entsteht ein endloser Strang. Im weiteren Produktionsverlauf wird dieser Stang je nach Format in die Lehmsteine aufgeschnitten (Abb. 4.9 und 4.10).

Bei der Abmessung der Form für den „frischen" Lehmstein ist das Schwindmaß bei der Trocknung zu beachten. Die Form kann dabei aus Holz oder Metall sein. Bei der Holzschalung sollte man darauf achten, dass der Faserverlauf des Holzes senkrecht verläuft und somit das Entschalen nicht behindert wird. Vor jeder neuen Befüllung der Schalung ist diese zu wässern und der Boden mit einen

Abb. 4.6 Im spanischen Ausbildungszentrum von ESTEPA in Las Casas del Rey nahm ich am Traditional Adobe Workshop teil. Lehmsteine mit einem hohen Strohanteil sollten hergestellt werden. Die Kursleiterin Maria zeigte uns das Patzen mit faustgroßen Lehmmengen. Ich aber praktizierte die deutsche Methode des Patzens und konnte diese Technologie so den anderen Kursteilnehmern vermitteln, die das Patzen mit faustgroßen Lehmmengen kannten (**a**, **b**)

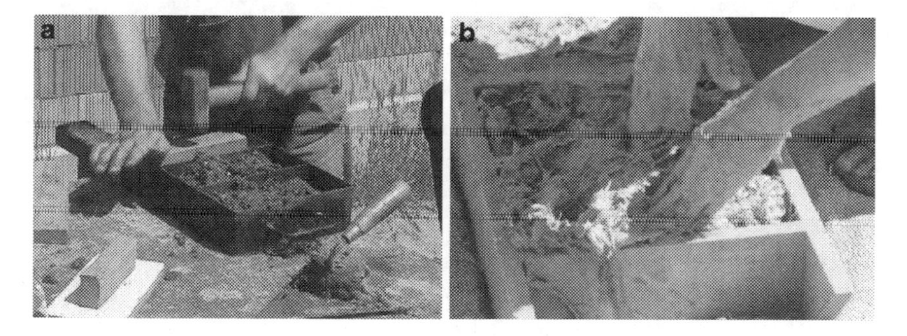

Abb. 4.7 Die sehr steife Lehmmasse wurde in die Form gegeben und mit Hammer und Holz verdichtet – nicht gerade ganz professionell, aber erfolgreich (**a**). Die Strohlehmmasse ist sehr weich und lässt sich sehr gut mit den Händen in die Form drücken (**b**)

Abb. 4.8 Handlehmsteinpressen – im Einsatz während des Lehmbaukurses in Errol Schottland (**a**) und an der Universität in Grenoble Frankreich zur Ausbildung von Studenten (**b**)

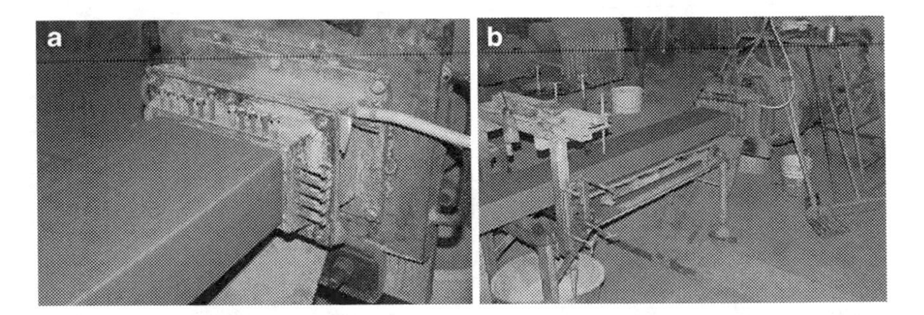

Abb. 4.9 Mundstück der Strangpresse (**a**) – hier wird die Größe und Gestaltung des Lehmsteins festgelegt. Es entsteht ein Endlosstrang mit sehr glatter Oberfläche (**b**)

„Trennmittel" (feiner Sand) zu bestreuen um die Haftung auf der Unterlage zu verhindern (Abb. 4.11, 4.12, 4.13 und 4.14).

Das Trocknen der Lehmsteine kann je nach Möglichkeit der örtlichen Situation erfolgen (Abb. 4.15, 4.16 und 4.17).

Das Vermauern der Lehmsteine erfolgt mit Lehmmauermörtel.

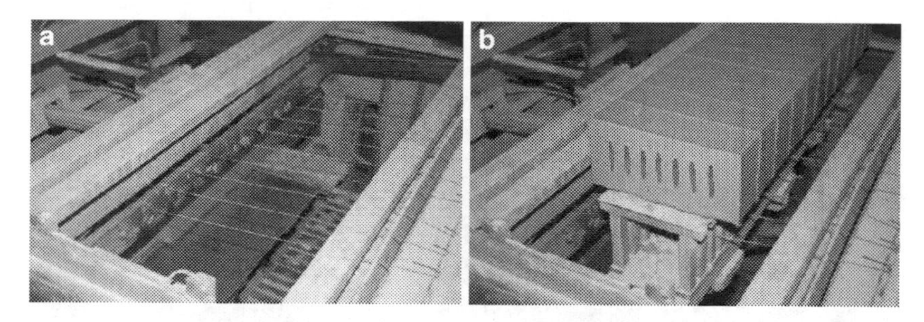

Abb. 4.10 Nach einem bestimmt durchlaufenen Abschnitt wird mit gespannten Stahldrähten der Lehmstrang auf das gewünschte Steinformat getrennt (**a**). Die entstandenen Lehmsteine nennt man „Grünlinge" (**b**)

Abb. 4.11 Historische Holzformen zur Lehmsteinherstellung – ausgestellt auf der Denkmalmesse in Leipzig Deutschland 2010 (**a**) und in der Ausstellung der Museumsziegelei Erbs in Pegau Deutschland (**b**)

„Lehmmörtel sind mit feinkörnigen oder feinfaserigen Zuschlagsstoffen abgemagerte Baulehme. Mörtel mit einer Trockenrohdichte von weniger als 1200 kg/qm können auch als Leichtlehmmörtel bezeichnet werden. Lehm-Mauermörtel (LMM) und Leichtlehm-Mauermörtel werden zum Vermauern von Lehmsteinen eingesetzt oder zum Vermauern von künstlichen Steinen, gebrannten Steinen (Ziegel) *oder Natursteinen."* Zitat: Lehmbau Regeln Die DIN 18946 Lehmmauermörtel – Begriffe, Anforderungen, Prüfverfahren gibt zu diesem Material noch weitere umfassende Angaben. Die Baustellenerfahrung zeigt, ist der verwendete Lehm zu mager, fehlt es an Bindekraft und ist es zu fett, wird die Fuge ein zu großes Schwindmaß verursachen und es kommt zu Schäden. Ein weiteres Problem ist

Abb. 4.12 Die Kursleiterin in Las Casas de Rey Spanien zeigt während der Ausbildung verschiedene Holzformen (**a**), diese konnten auf einfache Art verändert werden (**b, c**)

Abb. 4.13 Eine „Vielfachform“ aus Holz in Amayuelas de arriba Spanien bei einem Lehmbauer

Abb. 4.14 Einsatz einer Metallform bei der Vorführung an der Universität in Nicosia Zypern

Abb. 4.15 Trocknung in gut durchlüfteten, aber gegen Regen geschützten Trockenschuppen in der Museumsziegelei Erbs Pegau Deutschland (**a, b**)

Abb. 4.16 Wenn es die Witterung „erlaubt", werden die Lehmsteine unter freien Himmel getrocknet (**a**), während des Lehmbaukurses in Las Casas del Rey Spanien und in einer Ziegelei in Lympia Zypern (**b**)

die Mörtelkonsistenz. Ist der Mörtel zu steif, lässt er sich sehr schwer verarbeiten und die Steine lassen sich nicht verbinden. Ist der Mörtel zu weich, „schwimmen" die Steine und das Fixieren auf der unteren Schicht ist schwierig. Da der Lehmstein sehr schnell die Feuchtigkeit aus den Mauermörtel entzieht, sollte er daher etwas weicher als Mauermörtel bei anderen Materialien gemischt werden – ein Anfeuchten des Lehmsteines muss so nicht erfolgen (Arbeitszeiteinsparung

Abb. 4.17 Trocknung in der Ziegelei Gruber in Graupzig Deutschland in einer Trockenkammer. Für den Trockenprozess benutzt man die Abwärme die im Brennofen entsteht

– gilt für Deutschland). In Portugal z. B. muss man den Lehmstein vor dem Vermauern an der Mörtelfugenseite anfeuchten. Beim Hochmauern der Wand sollte man in Abhängigkeit von der Wanddicke die Arbeitsgeschwindigkeit beachten – je kleiner die Wanddicke, desto langsamer mauern. Der Mörtel muss genügend trocken (fest) sein, um ein „Ausbeulen" der Wand zu verhindern. Gemauert wird im Verband mit dem entsprechenden Überbindemaß der Stoßfugen.

Beispiele für Lehmsteinmauerwerk (Abb. 4.18, 4.19, 4.20, 4.21, 4.22, 4.23, 4.24, 4.25, 4.26, 4.27, 4.28, 4.29, 4.30 und 4.31).

Abb. 4.18 Der Giebel einer Scheune in Altengroitzsch Deutschland wurde mit Lehmsteinen gemauert (**a**). Da schon über Jahre ein Verputz fehlt, waren und sind die Lehmsteine offenem Wasser (Regen) ausgesetzt und verlieren so ihre Stabilität. Um einen Dachüberstand zu ermöglichen, wurde auf die Wand ein Sandsteinblock eingebunden, mit Lehmsteinen hätte man diesen Dachüberstand nicht ausführen können (**b**)

Abb. 4.19 Ein ehemaliges Schulgebäude in Cottown Schottland. Durch jahrelange Nichtnutzung und eindringendes Wasser ist der Bauzustand sehr ruinös, aber eine Sanierung möglich und wird auch angestrebt. Sehr deutlich sieht man, was passiert, wenn fehlender Putz die Lehmbausteine nicht mehr schützt (**a, b**)

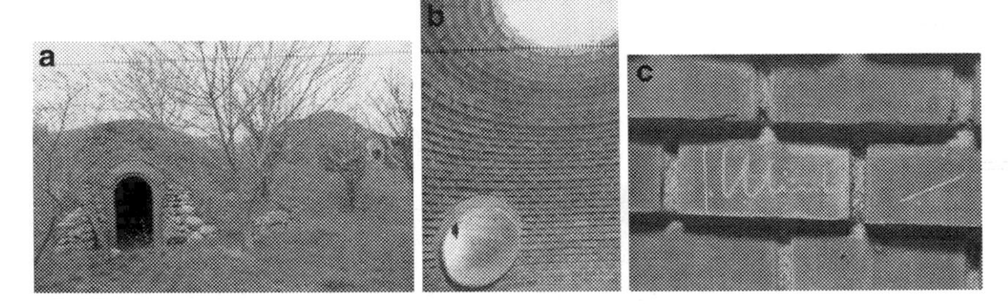

Abb. 4.20 Eine Besonderheit im doppelten Sinne ist dieser erdüberdeckte Kuppelbau mit Lehmsteinen in Hruby Sur Slowakei. Es ist ein von Prof. Gernolt Minke praktizierte Bauweise – der Kuppelbau und zusätzlich wird der Nachweis erbracht, dass ein Lehmbau auch bei erdüberdeckter Bauweise Bestand haben kann (**a, b**). Prof. Minke verewigte sich im Kuppelbau mit seiner Unterschrift (**c**)

Abb. 4.21 Auf einem landwirtschaftlichen Anwesen in Lavalette Frankreich sind mehrere Gebäude mit Lehmsteinen errichtet wurden (**a**). Beim Vermauern hat man es hier mit den Verbandsregeln nicht allzu genaugenommen, teilweise sogar Stoßfuge über Stoßfuge gemauert (**b**)

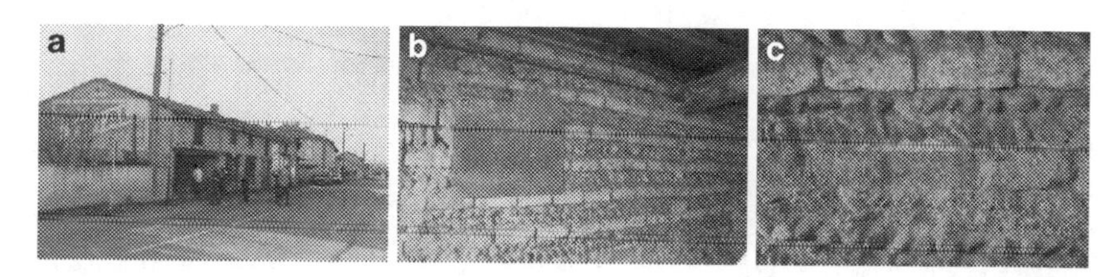

Abb. 4.22 Bei einer Exkursion in Frankreich fuhren wir durch Brens und besichtigten ein unscheinbares Nebengebäude direkt an der Straße (**a**). Wie sich zeigte, gab es hier eine besondere Technologie des Lehmsteinmauerwerkes. Jeweils zwischen zwei Lehmsteinschichten war eine Lehmschüttung, die an der Sichtseite eine in Fischgrätenmuster angeordnete Kieselsteinschicht „ziert" (**b, c**)

Abb. 4.23 Am Wandende wurde mit Ziegeln (Format 40/42 × 28× 25 cm) gemauert, es „folgt“ eine Lehmsteinschicht (Format 40/42 × 28 × 10 cm), darauf wird dann eine Lehmschicht geschalt, in die an der Sichtseite die Flusskiesel eingebettet werden (**a**). Nicht nur an den Wandenden, sondern auch an höher belasteten Stellen (Haltering in der Wand) mauerte man mit Ziegeln (**b**). Die Nahaufnahme des Kopfes eines Lehmsteines 28 cm breit, 10 cm hoch (**c**)

Abb. 4.24 Auf einem Grundstück in Flasou Zypern wurde ein neues Eigenheim errichtet, die Nebengelasse blieben aber erhalten, so konnte man die historische Bauweise mit Lehmsteinen nachvollziehen (**a**). Als Sturz genügte ein Brett, was über der Tür auf das Mauerwerk aufgelegt wurde (**b**). Die Lehmmischung für die Steine bestand neben Strohbeimengungen auch aus relativ großen gebrochenen Natursteinen (**c**)

Abb. 4.25 Eine typische Bauweise in Nicosia Zypern. An diesen Gebäude sind die bekannten, nur 5…6 cm dicken Lehmsteine vermauert wurden (**a, b**)

Abb. 4.26 In dem Bürogebäude der Bildungswerkstatt für nachhaltige Entwicklung e. V. (BiWeNa) in Verden Deutschland wurde eine Trennwand zwischen Büroraum und Eingangsbereich mit einer Lehmsteinwand (NF-Format stranggepresst) errichtet

Abb. 4.27 Im Wangeliner Garten des FAL e. V. Europäische Bildungsstätte für Lehmbau Deutschland errichtete man ein Strohballengebäude mit Tonnengewölbe für fünf Ferienwohnungen

Abb. 4.28 Der Eingangsbereich wurde türhoch mit einer sichtbar belassenen Lehmsteinwand versehen, die dann im fertigen Zustand durch eine Glasscheibe witterungssicher gestaltet wurde (Abb. 4.27) (**a**). Mit gleichem Material wurde auch die Trennung zwischen Aufenthaltsraum und Sanitärbereich ausgeführt (**b**)

Abb. 4.29 An der Zufahrtsstraße nach Hotnitsa Bulgarien versuchte ein Ehepaar ihr sehr bescheidenes Eigenheim zu sanieren und zu erweitern. Der bestehende Gebäudeteil war mit Lehmquadern gemauert (**a**, **b**)

Abb. 4.30 Eine Grundstücksumfriedung in Hotnitsa Bulgarien bestehend aus Naturstein und der Ergänzung mit Lehmquadern. Der linke Teil ist trotz fehlendem Verputz, aber mit der Ziegelabdeckung, noch recht gut erhalten. Dagegen ist die nicht mehr geschützte Lehmmauerkrone rechts schon sehr stark verwittert

Abb. 4.31 In einem Grundstück in Hotnitsa Bulgarien befindet sich ein Nebengelass mit Lehmquadermauerwerk. Bemerkenswert ist dabei aber, dass aller ein bzw. zwei Lehmquaderschichten eine im Kopfverband gemauerte Ziegelschicht angeordnet wurde (**a, b**)

5 Stampflehm

„Stampflehm ist erdfeucht aufbereiteter Lehmbaustoff. Der trockene verdichtete Baustoff hat eine Rohdichte von 1700 bis 2400 kg/m^3*. Mit Leichtzuschlägen sind geringere Dichten möglich. Für Stampflehmwände wird der Baustoff in Arbeitsschalung verdichtet, für Herstellung von Lehmsteinen in Formen gepresst oder auch manuell gestampft, für Stampflehmfußböden flächig verdichtet."* Zitat: Lehmbauregel Die Stampflehmherstellung ist also vergleichbar mit der Technologie im Betonbau mit Schalung. Sie fand schon bis 10.000 v. Chr. Anwendung, dabei ist die Schalung, ob gemauert – als verlorene Schalung (Chinesische Mauer) oder eine „Hülle" aus Holz oder anderen Materialien, immer das formgebende Element (Abb. 5.1).

Es wird erdfeuchter Lehm mit Kies (in Deutschland) oder Stroh (praktiziert in Erol Schottland) schichtenweise – ca. 10 cm hoch in die Schalung eingebracht und anschließend mit Stampf- und Schlagwerkzeugen verdichtet. Für die Prüfung eines erdfeuchten Materials gibt es eine einfache Methode: Der angemischte Lehm wird in der Hand so fest wie möglich zusammengedrückt. (Abb. 5.2a, b) Das „Produkt" muss nach Öffnen der Hand und beim leichten Druck zwischen Daumen und Zeigefinger zusammen bleiben (Abb. 5.2c).

Das Stampfen erfolgt traditionell mit Hilfe von Handstampfern, (Abb. 5.3a, b) heute eher mit pneumatisch oder elektrisch angetriebenen Stampfern. Auch der Einsatz einer der Wanddicke entsprechend breiten Scharffußwalze, ist möglich.

Nach dem Stampfvorgang kann man wieder eine einfache „Feldprüfung" durchführen, um festzustellen, ob genügend verdichtet wurde. Drückt man den Daumen mit machbarem Kraftaufwand auf die verdichtete Oberfläche und man hinterlässt keinen Eindruck, so kann man von einer genügenden Verdichtung ausgehen. Eine größere Sicherheit erreicht man aber durch die Anwendung von entsprechenden Messgeräten.

D. Schäfer, *Massivbauweise mit Lehm*, essentials,
https://doi.org/10.1007/978-3-658-35319-3_5

Abb. 5.1 Originale historische Schalung im Lehmbaumuseum Gnevsdorf Deutschland. Die Höhe kann unterschiedlich sein – bis 70 cm (heute auch wandhoch) – so ergeben sich aus bis zum viermaligem Einrüsten die jeweilige Geschosshöhe

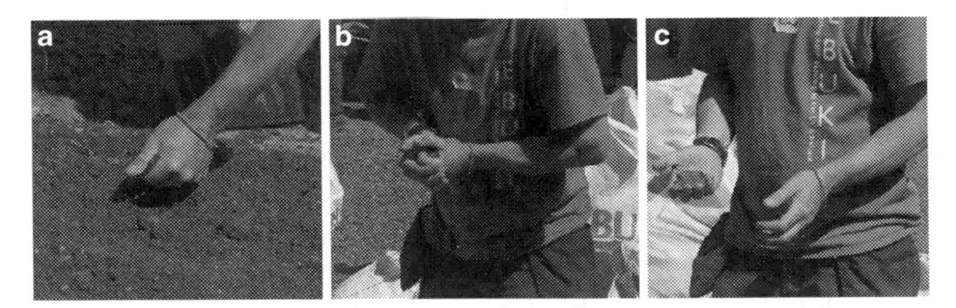

Abb. 5.2 Zusammendrücken des angemischten Lehmes (Abb. 5.2a, b). Prüfung durch Druck mit Daumen und Zeigefinger (Abb. 5.2c)

Neben dem Verdichten ist das Einfüllen des Lehmbaustoffes von Bedeutung. Die Fallhöhe darf nicht zu hoch sein, um ein Entmischen zu verhindern. Füllt man per Hand den Lehmbaustoff ein, so sollte er gegen die Schalungswand fallen.

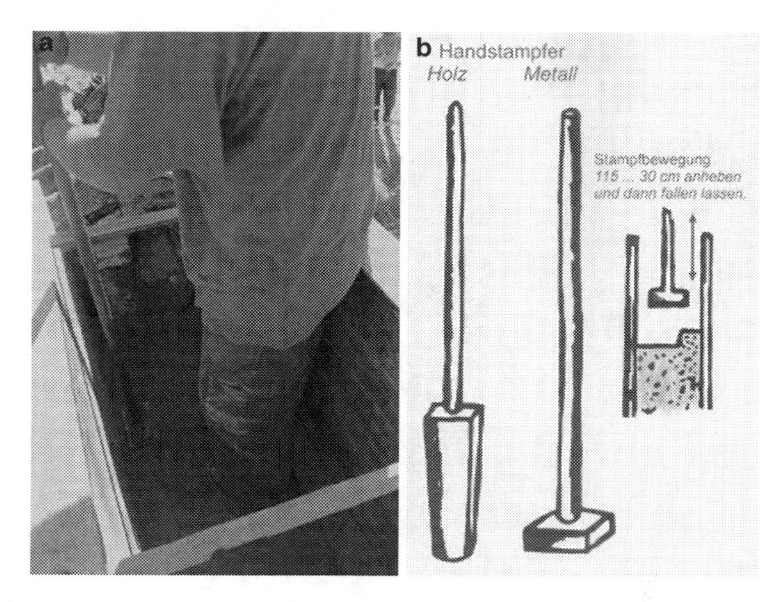

Abb. 5.3 Stampfen mit dem Handstampfer in der Schalung

Es wird so verhindert, dass die groben Bestandteile sich an der Schalungswand anhäufen und nach dem Entschalen an der Oberfläche sichtbar werden (Abb. 5.4).

Aufgrund der Zusammensetzung des Lehmbaustoffes für den Stampflehmbau ist mit einem geringen Schwindmaß nach dem Trocknen zu rechnen.

Eine Stampflehmoberfläche braucht man nicht verputzen. Sie ist abriebfest genug, eingebrachte Materialien (siehe die Kapelle der Versöhnung in Berlin) können so sichtbar gemacht werden und auch durch Einsatz von unterschiedlich farblichen Lehmen gibt es vielfältige Gestaltungsmöglichkeiten.

Ist die Stampflehmwand stark genug ausgebildet (50 cm plus), so ist sie als tragende Wandkonstruktion einsetzbar. Durch die Eigenschaften der Raumklimaregulierung und der Wärmespeicherfähigkeit ist sie sehr gut auch als Innenwandkonstruktion (z. B. Vormauerung) geeignet.

Eine Lehmwand beim Lehmbaukurs in Errol Schottland gab „Rätsel" auf: Der Lehmbaustoff war mit Stroh angereichert und wohl auch fetter und plastischer als das Material beim Stampflehmkurs. Durch die Schalungskonstruktion nicht, aber dem Material nach schon, konnte man die Technologie dem Wellerlehmbau wie in Deutschland zuordnen. Ist es nun Wellerlehmbau mit Schalung, oder Stampflehmbau mit einem Stroh-Lehm-Gemisch? (Abb. 5.5a) Bei dem

Abb. 5.4 Beim Lehmbaukurs-Stampflehm in Errol Schottland wurde das Einfüllen des Lehmbaustoffs in die Schalung (r.) und das Stampfen mit Erfolg praktiziert. Nach dem Verdichten konnte sofort ausgeschalt werden. Ein Nacharbeiten der Oberfläche war nicht notwendig

Abb. 5.5 „Wellerlehmbau" in einer Schalung?

Stampfen ließ sich der Lehmbaustoff aufgrund seiner Plastizität weniger gut verdichten (Abb. 5.5b). Durch die größere Bindekraft des Lehms (etwas fetter als Stampflehm) entstand keine ebene Oberfläche – Lehmteile blieben beim Ausschalen an der Schalungsoberfläche haften und hinterließen Löscher, so musste die Oberfläche nachgearbeitet werden (Abb. 5.5c).

Beispiele für Stampflehmkonstruktionen (Auswahl) (Abb. 5.6, 5.7, 5.8, 5.9, 5.10, 5.11, 5.12, 5.13, 5.14, 5.15, 5.16, 5.17, 5.18, 5.19 und 5.20).

Abb. 5.6 Tradition trifft auf Neu, im Ort Abarca de Campos Spanien gibt es ausschließlich Lehmbauten. Auch der Neubau (Werkstatt) für einen Orgelbauer wurde der Tradition wegen aus Lehm – Stampflehm – errichtet

Abb. 5.7 In der Umgebung von Amayuelas de arriba Spanien gibt es Taubenhäuser von beträchtlicher Größe und sie stellen ein kulturelles Erbe dar. Ihre Nutzung wurde aber in jüngster Vergangenheit vernachlässigt und so verfallen viele von ihnen

Abb. 5.8 Es gibt aber auch Bestrebungen, diese Gebäude zu erhalten. So werden sie saniert (**a, b**) und einer neuen Bestimmung zugeordnet. Blick in das Innere eines erhaltenen Taubenhauses. In den Nischen für die Tauben werden jetzt Pflanzensamen der Umgebung archiviert (**c**)

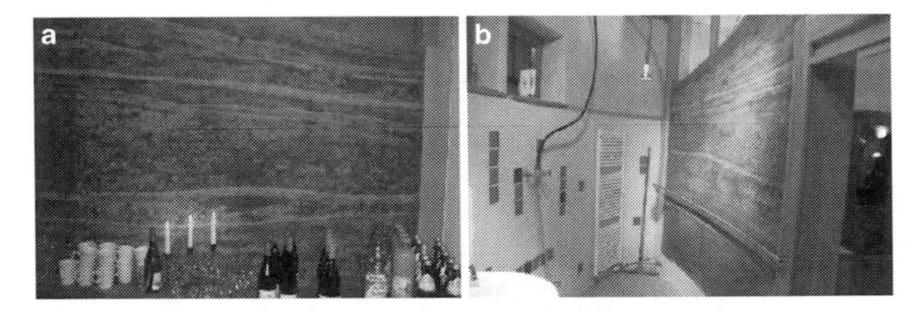

Abb. 5.9 In einem Wochenendhaus in Berlin Deutschland trennte man den Wohn- vom Sanitärbereich mit einer Stampflehmwand (**a**). Der Bereich der Dusche musste mit Fliesen belegt werden, die sichtbar gebliebene Stampflehmoberfläche wurde versiegelt (**b**)

Abb. 5.10 Die Speicherwand in einem Kindergarten in Berlin Deutschland erfüllt neben ihrer ursächlichen Funktion der Wärmespeicherung auch den Zweck der Ästhetik durch die schichtenweise eingebrachten farbigen Lehme

Abb. 5.11 Bei genügendem Schutz vor Feuchtigkeit sind auch Stampflehmwände im Freien als Gestaltungselemente möglich. Als vorgefertigte Konstruktion wurden Stampflehmwände auf der Gartenbauausstellung in Schwerin Deutschland aufgestellt (**a**). Im Wangeliner Garten der Europäische Bildungsstätte für Lehmbau FAL e. V. in Ganzlin OT von Wangelin Deutschland stehen zur Gartengestaltung Stampflehmwände schon fast zwei Jahrzehnte (**b**)

Abb. 5.12 Eine Sicht-Windschutzwand an der Sitzecke im Garten in Lindig Deutschland

Abb. 5.13 Eine Außensauna in einem Garten in Lindig Deutschland. Auch solch eine Konstruktion aus Stampflehm ist möglich (**a, b**)

Abb. 5.14 Mit Aufschluss eines Tagebaus in unmittelbarer Nähe der Stadt Mücheln und damit auch Anfall einer entsprechenden Menge Baulehm (Abraum) und mit der Notwendigkeit von kostengünstigem Wohnungsbau durchzuführen, entstand die Stampflehmsieglung (**a**). Dank eines Sgraffito an einem Gebäude wird die damalige Bautechnologie dargestellt (**b**)

Abb. 5.15 In Frankreich, eines der Hochkulturen des Lehmbaus in Europa, findet man wie hier in Bilieu sehr viele Lehmbauten. Eine Besonderheit dieses Stampflehmgebäudes ist die Fassadengestaltung. Mit Flusskiesel wurde ein Teil der Fassade in Fischgrätenmuster belegt

Abb. 5.16 Der Vierseithof in Charancieu Frankreich hat eine beträchtliche Größe. Alle Gebäude wurden in Stampflehmtechnologie gebaut

Abb. 5.17 An einem Gebäude in Saint Savin Frankreich kann man weißen Streifen (Adern aus Kalkmörtel) in der Fassadenoberfläche feststellen, die einzelnen Stampfabschnitte kennzeichnen. Sie sind häufige keine durchgehende Schicht und oft nur Außen zu erkennen. Es könnte sich um einen Stabilisierungsstreifen handeln, der zusätzlich noch das zu schnelle Austrocknen an den Wandkanten verhindern sollte. Es gibt auch die Aussage, diese Kalkstreifen würden die Putzhaftung verbessern (**a, b**)

Abb. 5.18 Viele Gebäude in Dolomieu Frankreich in der Gemeinde im Département Isère in der Region Auvergne-Rhône-Alpes sind aus Stampflehm errichtet. Hier das ehemalige Verwaltungsgebäude des Ortes

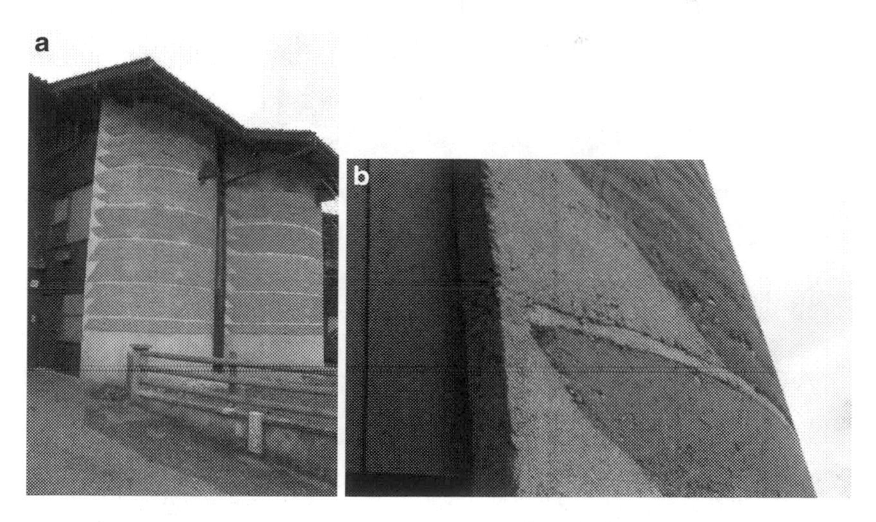

Abb. 5.19 Im Stadtteil von Fougères in Villefontaine Frankreich entstand nach dem Projekt Domaine de la Terre (Paris 1980) 65 Sozialwohneinheiten, gebaut mit Lehmbaustoffen in unterschiedlichen Lehmbautechnologien (**a**, **b**)

Abb. 5.20 Auf der Touchie Farm nahe Perth Schottland steht ein neuerrichtetes Wohnhaus entgegen aller Tradition. Gegen einen leicht ansteigenden Hang gesetzt, ist die Vorderfront voll verglast (**a**) – Licht und Wärme kommt so ungehindert ins Innere und treffen dann an der Rückseite auf eine Stampflehmwand. Die Farbmuster auf dem Parkettfußboden haben einen Ursprung. Der Boden war ehemals in einer Turnhalle verlegt und wurde hier im Wohnraum wieder neu eingebaut (**b**). Nicht nur Farbgestaltungen in der Lehmoberfläche sind bei Stampflehmwänden möglich, man kann die Oberfläche auch profilieren (**c**)

6 Wellerlehm

„Wellerlehm (WL) *ist ein weich aufbereitetes Gemisch aus Stroh und Lehm. Der trockene Baustoff hat eine Rohdichte von 1400 bis 1700 kg/qm. Mit Wellerlehm werden historische Wellerwände repariert und tragende oder nichttragende Wände neu erstellt. Für Wellerlehm können alle Baulehme verwendet werden. Nur sehr fetter Lehm oder Ton ist ungeeignet, ebenso steiniger Lehm. Als Zuschlagstoff wird Stroh von 30 bis 40 cm Länge verwendet. Zu hoher Anteil von kurzem Stroh ist zu vermeiden. Bei magerem Lehm rechnet man mit ca. 20 kg je qm loser Strohmasse, bei fettem Lehm bis zu 25 kg. Lehm und Stroh werden abwechselnd aufgesetzt, mit Wasser übergossen und durchgearbeitet. Die Aufbereitung ist abgeschlossen, wenn der Baulehm gleichmäßig mit dem Zuschlagstoff vermischt ist. Vor dem Einbau soll der frisch aufbereitete Baustoff ruhen (mauken)“.* Zitat: Lehmbau Regeln

Der aufbereitete Lehm liegt etwa einen Meter von der zu errichteten Wand entfernt. Die Menge entspricht der Materialmenge des Außenwandringes des Gebäudes in einer Höhe von 70 bis 80 cm – erster Wellersatz und einer Dicke ab 38 cm (Eingeschossiges Bauwerk) und mehr (Abb. 6.1, 6.2 und 6.3).

Damit die Außenwände austrocknen und sacken können, bedarf es je nach Witterung mindestens vier Wochen. Für die komplette Austrocknung muss mit etwa einem Jahr gerechnet werden, in dieser Zeit wird das Bauwerk von außen nicht verputzt. Um eine größere Stabilität der Wand zu erreichen, kann auch eine hölzerne Armierung aus Astmaterial, das kreuzweise aller 20 bis 30 cm Schichthöhe eingebaut wird. Der erste Wellersatz muss auf einem Sockelmauerwerk mit einer Höhe größer 30 cm (Spritzwasserbereich) aufgebracht werden. Die Dichtungsbahn ist so anzubringen, dass zwischen Sockelmauerwerk und Wellersatz eine Ausgleichschicht gemauert wird. Damit verhindert man Staunässer unter dem Wellersatz (Abb. 6.4).

D. Schäfer, *Massivbauweise mit Lehm*, essentials,
https://doi.org/10.1007/978-3-658-35319-3_6

Abb. 6.1 Einmessen, Aufschichten (in drei Schichten), Verdichten (durch Festtreten und Stampfen mit dem Holzprügel) und Abstechen (mit einem verkröpften Spaten) sind dabei die Arbeitsgänge beim Errichten des ersten Wellers. Öffnungsleibungen werden gleich mit eingebaut. Der Wellersatz muss nun zwei drei Tage trocknen (je nach Witterung). Es ist darauf zu achten, dass er nicht einseitig austrocknet (Verziehen der Wand) und sie ist vor Witterung (Regen) zu schützen. Grafik aus Lehmbau Fibel Forschungsgemeinschaft ländliches Bau- und Siedlungswesen Hochschule Weimar T. Miller, E. Grigutsch. K. W. Schulze 1947

Abb. 6.2 Für das Aufsetzen des zweiten Wellersatzes bedarf es einer Rüstung. Man bereitet den Baulehm nun etwa zwei Meter von der Wand entfernt vor. Der vorhergehend Weller ist in der Wanddicke so anzunässen, dass ein nachfolgender Verbund mit dem nächten Weller erfolgen kann. Die Arbeitsgänge sind jetzt analog wie beim ersten Wellersatz. Gleichzeitig oder bereits nach dem Abstechen des ersten Wellersatzes, bringt man in die Oberfläche Vertiefungen (auf der Grafik links) ein, um die spätere Putzhaftung zu vergrößern. Dies wird noch verbessert, wenn man in diese Vertiefungen Ziegelstückchen eindrückt, die etwa 1 cm aus der Oberfläche herausstehen. Grafik aus Lehmbau Fibel Forschungsgemeinschaft ländliches Bau- und Siedlungswesen Hochschule Weimar T. Miller, E. Grigutsch. K. W. Schulze 1947

Abb. 6.3 Mit dem dritten Wellersatz erreicht man in der Regel die gewünschte Geschosshöhe. Die Wandkrone sollte erst nach dem Abtrocknen begradigt werden, weil noch Setzungen zu erwarten sind, die ungleichmäßig sein können. Als Unterlage für die Dachkonstruktion wird auf der Wandkrone in frischen Ausgleichslehm eine Mauerlatte. Grafik aus Lehmbau Fibel Forschungsgemeinschaft ländliches Bau- und Siedlungswesen Hochschule Weimar T. Miller, E. Grigutsch. K. W. Schulze 1947

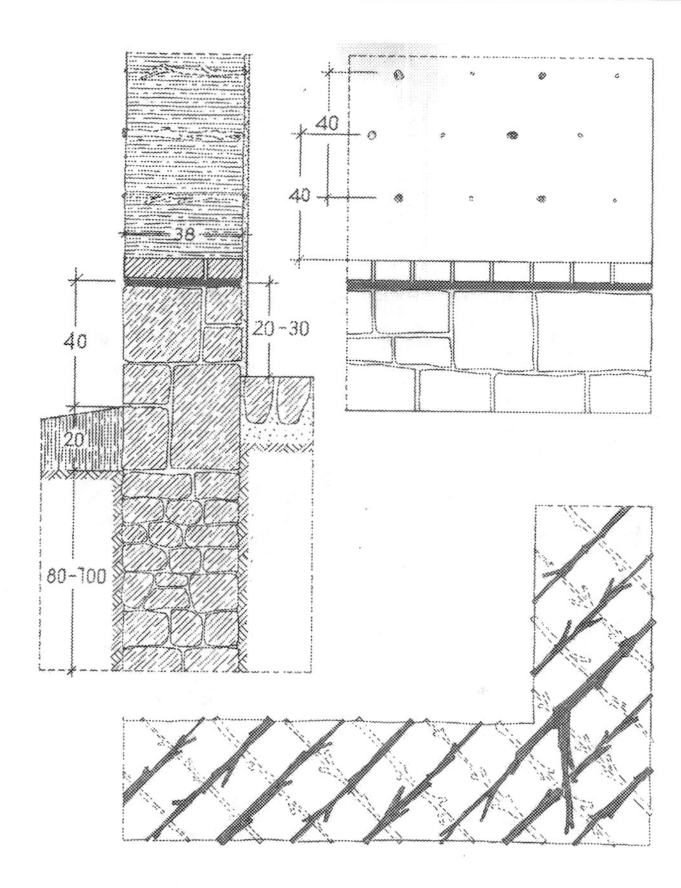

Abb. 6.4 Grafik aus Lehmbau Fibel Forschungsgemeinschaft ländliches Bau- und Siedlungswesen Hochschule Weimar T. Miller, E. Grigutsch. K. W. Schulze 1947

Beispiele für Wellerlehmbauten (Abb. 6.5, 6.6, 6.7, 6.8, 6.9, 6.10, 6.11, 6.12, 6.13, 6.14 und 6.15).

Abb. 6.5 Eine Wellerlehmscheune von 40,30 m Länge und 11,40 m Breite in Löbnitz-Bennewitz einem Ortsteil der Kleinstadt Groitzsch Deutschland. Die Erbauung ist auf einem Türsturz über den Kellereingang (drei Kellerräume mit Tonnengewölbe) mit 1851 datiert (**a**). Deutlich kann man die Höher eines Wellersatze erkennen. An diesem Gebäude ist er zum Teil 90 cm hoch. Beim zweiten Wellersatz wurde nicht gleichmäßig hoch aufgeschichtet und auch stellenweise ein etwas anderes Material verwendet (**b**)

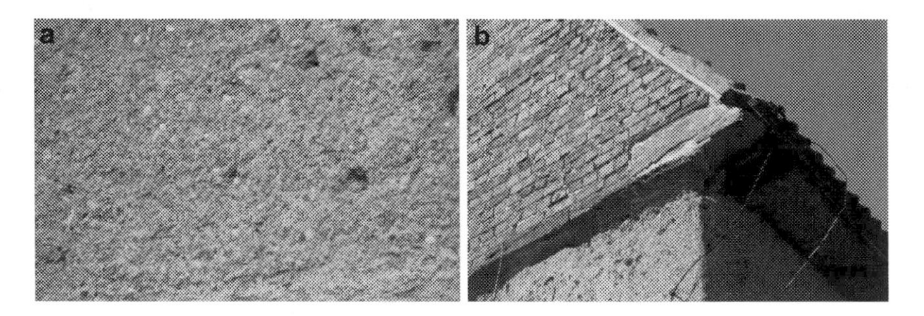

Abb. 6.6 Die Materialstruktur lässt sich sehr gut erkennen, der verwendete Lehmbaustoff beinhaltet neben dem Stroh auch einen relativ hohen Steinanteil. Man kann davon ausgehen, dass man den Grubenlehm vor Ort genommen hat und der war ebenso und hat nur noch den Strohanteil zugemischt (**a**). Bis zur Traufe (4,90 m) sind es 5 Wellersätze mit unterschiedlicher Höhe. Auf dem letzten Wellersatz liegt auf der Giebelwand Sandsteinplatten, worauf dann das Giebeldreieck mit Klinkern gemauert ist (**b**)

Abb. 6.7 Teil eines historischen Lehmwellerwandstückes im Lehmmuseum Gnevsdorf Deutschland. Sehr gut kann man die eingedrückten Ziegelstücke als Putzträger in der Außenseite der Wand sehen

Abb. 6.8 In einen baulich schlechten und unbewohnten Zustand ist das Lehmwellerhaus mit Fachwerkobergeschoss in Maltiz Deutschland. An der Fachwerkkonstruktion findet man für die Elster-Schnauderaue untypische Mannfigur (**a, b**)

Abb. 6.9 Bei dem Vierseithof in Markkleeberg Deutschland ist das Nebengelass bis zur Traufhöhe in Wellerlehmbauweise errichtet wurden. Das Giebeldreieck ist mit Ziegeln gemauert und wie die Wellerlehmwand verputz (**a**–**d**)

Abb. 6.10 Garten- (**a**) und Hofseite (**b**) einer Wellerlehmscheune eines Vierseithofes in Miltitz Deutschland ist von beträchtlichem Ausmaß. Gartenseitig ist nach fünf Wellern mit Klinkern bis zur Traufe gemauert wurden. Hofseitig ist der linke Scheunenteil mit Ziegel gemauert, die restliche Wandkonstruktion ist mit fünf Wellern und der Rest bis zur Traufe mit Ziegeln errichtet wurden. Putzreste zeigen an, dass die Hofseite vollständig verputz war. Für die Gartenseite kann man das nur annehmen, dort gibt es keinen Verputz mehr

Abb. 6.11 In der gartenseitigen Wellerwand wurden Durchbrüche nachträglich in die Wand eingearbeitet. Sie dienten zur Durchführung von Antriebswellen von Dreschmaschinen, die in der Scheune aufgestellt waren (**a**). Nicht zugeordnet konnte eine Öffnung in der Wellerlehmwand, die aber beim Errichten der Wand bereits eingebaut wurde. Ist es nur eine Belüftungsöffnung oder eine Ausflugsöffnung? (**b**)

Abb. 6.12 Sicher war dieses Gebäude in einem landwirtschaftlichen Anwesen in Flatfield Cattery Schottland ein Nebengelass und wurde zu Wohnzwecken umgebaut (**a**). Die Giebelseiten sind Wellerlehmwände, die auch ehemals vollständig verputzt waren. Ob die Längsseiten des Gebäudes ebenfalls aus Weller bestanden, konnte nicht ermittelt werden (**b**)

Abb. 6.13 Ein Nebengelass in dem landwirtschaftlichen Anwesen in Flatfield Cattery Schottland wird noch als Stallanlage genutzt und ist aus Wellerlehm errichtet (**a, b**)

Abb. 6.14 In Letham Schottland steht diese Schutzhütte aus Wellerlehm auf einen Kinderspielplatz. Die Wandoberfläche ist bewusst nicht verputzt worden, so können die Kinder den Baustoff Lehm kennenlernen (**a, b**)

Abb. 6.15 Eine Besonderheit im Wellerlehmbau hier in Fikardou auf Zypern. Fikardou ist ein kleines Gebirgsdorf mit noch erhaltener historischer Bausubstanz (**a, b**)

7 Dünner Lehmbrot-Bauweise

Seinen Namen erhielt diese Bauweise nach ihrem ersten Anwendungsort in Deutschland – Dünne. Dieser Ort gehört heute als Stadtteil zur ostwestfälischen Stadt Bünde.

Eine alte Lehmtechnologie, die aus der Slowakei und dem Jemen bekannt ist. Sie ist ein Nasslehmverfahren. Die Lehmteile werden nass in nass ohne Mörtel verlegt.

Der Missionar Gustav von Bodelschwigh bringt diese Lehmbauweise aus Nordamerika mit in seinen Heimatort Dünne und passt sie den deutschen Verhältnissen an. Aus der Geschichte wird deutlich, dass es immer wieder in der Vergangenheit eine Renaissance des Lehmbaus in Deutschland in Notsituationen gab. 1923 findet von Bodelschwigh bei seiner Rückkehr eine arme Gemeinde vor und versucht nun diesen Zustand zu ändern. Der Baustoff Lehm schien ihm geeignet für den Selbstbau von Häusern, um die möglichen Kosten dafür zu reduzieren. Er informierte sich aber auch über die in Deutschland vorhandenen Lehmbautechnologien und kam zu der Erkenntnis, dass sich weder Lehmstein- noch Stampflehm- noch die Wellerlehmtechnologie für sein Vorhaben eignete (zu schwer, keine Trockenmöglichkeiten, Spezialkenntnisse). So besann er sich seines früheren Mitstreiters Kraft, der die ostafrikanische Lehmbauweise für Missionarshäuser angewendet hatte. Dieser zeigte die Technologie den Siedlern in Dünne, aber ohne Erfolg, warum, erklärt sich von selbst: *„Dann griff der alte Kraft mit beiden Händen in den Brei hinein und holte sich einen tüchtigen Ballen Lehm heraus. Mit kräftigem Schwung warf er den Ballen hoch in die Luft und fing ihn wieder auf. Wir anderen folgten seinem Beispiel. Je öfter der Ballen geworfen wurde und in unsere Hände zurückkehrte, je mehr merkten wir, wie mit jedem Wurf der Ballen klebriger und fester wurde, bis er zu einer zähen Masse geworden war …“ Kraft machte auch vor, wie die Arbeit durch rhythmischen Gesang und Händeklatschen*

D. Schäfer, *Massivbauweise mit Lehm*, essentials,
https://doi.org/10.1007/978-3-658-35319-3_7

Abb. 7.1 Grafik aus Bauen mit Lehm Heft 1 Prof. Dr. Ing. Gernot Minke ökobuch 1984 01

begleitet werden sollte. Die westfälischen Siedler standen diesem Ansinnen wohl etwas verstört gegenüber, denn bald wurde versucht, den Lehm wie gewohnt mit den Füßen durchzuarbeiten. Die Lehmballen wurden „...statt sie in die Luft zu werfen, durch kräftiges Drehen und Klopfen mit den Händen (vergleichbar mit dem Formen eines Brotleibes) ...“ *auf improvisierten Tischen geformt, eine Methode, die sich als einfach und sehr praktisch erwies.* Zitat: Bauen mit Lehm, Heft 1, Seite 46 Dabei sollten aber keine Formen Verwendung finden, so wie sie bei der Lehmsteinherstellung bekannt sind.

Wie das praktiziert wurde zeigen die nachfolgen Abbildungen, auf der selbst die Kinder mithelfen konnten, die „Lehmbrote“ herzustellen. Natürlich mussten die Erwachsenen darauf achten, dass die Lehmbrote in Größe und Form etwa gleich waren (Abb. 7.1).

Waren die brotähnlichen Leiber geformt, wurden sie dann im feuchten Zustand ohne Mörtel im Verband aufeinander gesetzt. Man konnte sie auf der Wand noch mit den Handballen festschlagen und etwas nachformen. Bis zu fünf Schichten sollten so am Tag verlegt werden. An den Ecken und Wandanschlüssen „bewehrte“ man in jeder Schicht mit Reiser (Abb. 7.2).

Die Putzoberfläche vergrößerte man durch entsprechende Vertiefungen, die man mit dem Finger in die weichen Lehmbrote „bohrte“ und drückte in die Fugen kleine Steine ein. So gab es eine bessere Putzhaftung (Abb. 7.3).

Abb. 7.2 Grafik aus Bauen mit Lehm Heft 1 Prof. Dr. Ing. Gernot Minke ökobuch 1984 01

Abb. 7.3 Grafik aus Bauen mit Lehm Heft 1 Prof. Dr. Ing. Gernot Minke ökobuch 1984 01

Die Bilder zeigen nicht nur die Technologie, sondern auch das Anliegen von Boldelschwigh – Selbstbau mit der ganzen Familie. *Zwischen 1923 und 1949 entstanden mehr als 350 Siedlungshäuser, vor allem in den Kreisen Herfurd, Bielefeld, Minden, Halle und Lübbecke. Eine geschlossene Siedlung entstand 1930 in Remscheid. Die meisten Bauten mit einer Grundfläche von etwa 64 bis 70 qm sind heute noch erhalten, wenn auch zwischenzeitlich umgebaut. Die Gebäude waren meist unterkellert, da der Lehm des Aushubs das Material der Lehmwände bildete.* Zitat: Bauen mit Lehm, Heft 1, Seite 49.

Beispiele für Lehmbrote-Bauweise (Abb. 7.4, 7.5, 7.6 und 7.7).

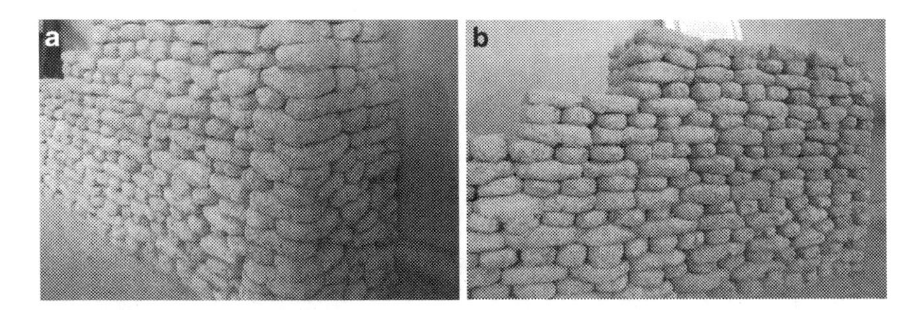

Abb. 7.4 Im Lehmbaumuseum von Gnevsdorf Deutschland steht die Modellwand einer Dünner-Lehmbrotkonstruktion. Dabei werden aber nicht die mit den Fingern „eingeborten" Vertiefungen und eingedrückten Ziegelstück demonstriert (**a**, **b**)

Abb. 7.5 Bei einer Exkursionstour nach Rostenitce Tschechien entdeckte ich in einer Ausstellung über ortstypisches historisches Bauen diese Abbildung mit der Demonstration des Errichtens einer Modellwand mit Lehmbroten

Abb. 7.6 Eine Scheune in Slup Tschechien wurde aus Lehmbroten als tragende Wandkonstruktion errichtet. Die Lehmbrote haben aber eine andere Form als die Dünner-Lehmbrote in Deutschland (**a**–**c**)

Abb. 7.7 Eine weitere Scheune konnten wir in Slup Tschechien besichtigen (**a**). Anders wie bei Abb. 7.6a war nicht die gesamte Wandkonstruktion mit Lehmbroten ausgeführt. Mit den Lehmbroten wurde nur ein Füllmauerwerk (keine statische Funktion) errichtet. Die tragende Funktion hat das Klinkermauerwerk. Außer Lehmbrot- und Klinkermauerwerk sind am Objekt noch fünf Reihen Lehmsteine vermauert wurden (**b**)

Was Sie aus diesem *essential* mitnehmen können

Im Literaturverzeichnis findet man genügend Literaturangaben, die über den Lehmbau informieren. Dieses Essentials ist ein Einblick in den Massivlehmbau. Es soll aber auch gezeigt werden, dass man europäisch bemüht ist, diese tolle Bauweise nicht in Vergessenheit geraten zu lassen, weiterzuentwickeln und zum Thema „Lehm“ vielfältiger Ausbildungsmöglichkeiten schafft. Vertieft man sich in den Baustoff Lehm, so kommt man von ihm nicht mehr los. Ich hatte die Gelegenheit am BSZ Leipziger Land an zwei europäischen Lehmbauprojekten mitzuarbeiten, konnte mich darin einbringen, meine Kenntnisse und Fertigkeiten im Lehmbau entwickeln und in der Ausbildung Lernenden weitergeben. Wenn ich den Leser, der sich bisher noch nicht mit Lehm beschäftigt hat, auf diesen Baustoff neugierig gemacht und damit erreicht habe, dass er sich zukünftig damit auseinander setzt, dann ist ein erster Schritt erreicht. Das Folgende ist dann die Aneignung von umfassendem Wissen über diesen fabelhaften ökologischen Baustoff und das Machen. Man braucht also bei der Anwendung von Lehm am Bauwerk keine Scheu zu haben, er bietet so viele Möglichkeiten in seiner Anwendung. Baue dein Lehmhaus auf eine feuchtesichere Unterkonstruktion und schütze es von oben mit einem „großen Hut“ (Dach mit großen Überstand), so werden fast unvergleichbare Wohnbedingungen entstehen. Lehmbau ist historisches und modernes Bauen.

D. Schäfer, *Massivbauweise mit Lehm*, essentials,
https://doi.org/10.1007/978-3-658-35319-3

Literatur

Abigt, E. und Heyer, H. 1918 *Die billigste Bauweise der Gegenwart* Heimkulturverlag G.m.b.H. Wiesbaden

Autorenteam (50) 2011 *Terra Europae* Edizioni ETS

Cointereaux, Francois 1803 *Der Lehmbau Pise'-Baukunst* Reprint-Verlag-Leipzig Originalausgabe

Dachverband Lehm 2009 *Lehmbau Regeln* Viehweg + Teubner

DIN 18942-1 2018-12 Lehmbaustoffe Teil 1 Begriffe

DIN 18942-100 2018-12 Lehmbaustoffe Teil 100 Konformitätsnachweis

DIN 18945 2018-12 Lehmsteine Anforderungen und Prüfverfahren

DIN 18946 2018-12 Lehmmauermörtel Anforderungen und Prüfverfahren

DIN 18947 2018-12 Lehmputzmörtel Anforderungen und Prüfverfahren

DIN 18948 2018-12 Lehmplatten Anforderungen und Prüfverfahren

ECVET Lehmbau. 2009 *Wege zum Lehm* Eine europäische Gebrauchsanweisung. CRAterre editions

Fauth, Wilhelm 1946 *Der praktische Lehmbau* Limes-Verlag Wiesbaden

Fauth, Wilhelm 1933 *Der Strohlehmständerbau* Velagsgesellschaft R. Müller m.b.H. Eberswalde-Berlin 1933

Fellmer, Rosemarie 1996 *Der Dorfweg Lehm – Rückbesinnung auf einen uralten Baustoff* Mitteilungen des Vereins zur Regionalförderung von Traditionspflege, Dorflandschaft und Volksbauweise – Fachwerk heute e. V. Chemnitz https://www.dachverband-lehm.de/wissen/fachliteratur

Küntzel, Carl 1939 *Lehmbauten* Reichsnährstand Verlag Ges.mbH Berlin Nr. 4

Keable, Julian und Keable, Rowland 2005 *Rammed Earth Structures* Practical Action Publishing Reprinted

Knoll, Franziska und Klamm, Mechthild 2015 *Baustoff Lehm – seit Jahrtausenden bewährt* Landesamt für Denkmalpflege und Archäologie Sachsen-Anhalt Landesmuseum für Vorgeschichte Halle (Saale)

Krüger, Silke 2004 *Stampflehm* manudom verlag Aachen

Miller, T. (Prof. Dipl.-Ing.); Baumeister Grigutsch, E. (Baumeister); Schulze, K.W. (Dr.) 1947 *Lehmbau Fibel* Forschungsgemeinschaft ländliches Bau- und Siedlungswesen Hochschule Weimar

Minke, Gernot 1984 *Bauen mit Lehm* ökobuch Verlag

D. Schäfer, *Massivbauweise mit Lehm*, essentials,
https://doi.org/10.1007/978-3-658-35319-3

Minke, Gernot 2009 *Handbuch Lehmbau* ökobuch Verlag Staufen

Minke, Gernot 2011 *Gewölbe zum Wohnen und Arbeiten, zum Musizieren und Meditieren* Schriftenreihe Lehmmuseum Gnevsdorf Heft 1 Herausgeber: FAL e. V. Edition Belin 2009

Niemeyer, Richard 1946 *Der Lehmbau* ökobuch Verlag Staufen bei Freiburg/Br. Originalausgabe

Niewierowiza, M. 1930 *Wznoszenie Budynkow z Gliny* Wilno, Milanowek 2014

Preßler, Erhard 1994 *Das Ausfachen mit Lehm* Interessengemeinschaft Bauernhaus e. V.

Ulrich Röhlen Christof Ziegert 2010 *Lehmbau-Praxis* Bauwerk Verlag GmbH Berlin

Scharf, Thomas 2014 *Lehmbau-Bilderbuch* Frauenhofer IRB Verlag

Schillberg, Klaus und Knieriemen, Heinz 1996 *Naturbaustoff Lehm* AT Verlag Aarau/Schweiz

Schillberg, Klaus und Knieriemen, Heinz 2001 *Bauen und Sanieren mit Lehm* AT Verlag Aarau/Schweiz

Schofield, Jane und Smallcombe, Jill 2007 *Cob Buildings A Practical Guide* Published in Great Britain

Schönburg, Kurt 2008 *Lehmbauarbeiten* Beuth Verlag GmbH Berlin-Wien-Zürich

Schröder, Horst 2010 *Lehmbau* Vieweg + Teubner Wiesbaden

Stulz, Roland und Mukerji, Kiran 1998 *Appropriate Building Materials A Catalogue of Potential Solutions* SKAT Publications & ITDG Publishing

Szewczyk, Jaroslaw 2013 *Nietypowe Budulce B*ialystok

Volhard, Franz 1995 *Leichtlehmbau* Verlag C.F. Müller GmbH Heidelberg

Volhard, Franz 2013 *Bauen mit Leichtlehm* Springer-Verlag/Wien

Weismann, Adam & Bryce, Katy 2009 building with cob *a step-by-step guide* Green Books Ltd, Foxhole, Dartington, Totnes, Devon TQ9 6EB

Printed in the United States
by Baker & Taylor Publisher Services